普通高等教育"十四五"系列教材

制作劳动教育

主　编　郭建斌

副主编　曹　宜　段慧玲　刘利娟

中国水利水电出版社
www.waterpub.com.cn
·北京·

内 容 提 要

本书按照劳动教育的基本要求，面向非机类、近机类工科专业创新人才的培育需要，针对大学生创训等支撑任务目标，通过劳动技艺实践，促进新时代青年创新观的培育，着力培养现代工程人才创新素养，弘扬工匠精神。全书包括劳动概论、纸张"秀"、编织"秀"、篆刻、铁丝"秀"、钳工与钣金制作、仿真与现代CAM数控等方面的基础知识、操作规范和示例内容。

本书可供普通高等院校作为劳动教育的教学指导用书，也可供高职高专类院校作为工程训练教学的通识指导用书。

图书在版编目（ＣＩＰ）数据

制作劳动教育 / 郭建斌主编. -- 北京 ：中国水利
水电出版社，2023.11
普通高等教育"十四五"系列教材
ISBN 978-7-5226-2279-8

Ⅰ．①制… Ⅱ．①郭… Ⅲ．①劳动教育－高等学校－
教材 Ⅳ．①G40-015

中国国家版本馆CIP数据核字(2024)第022515号

书　　名	普通高等教育"十四五"系列教材 **制作劳动教育** ZHIZUO LAODONG JIAOYU
作　　者	主　编　郭建斌 副主编　曹　宜　段慧玲　刘利娟
出版发行	中国水利水电出版社 （北京市海淀区玉渊潭南路 1 号 D 座　100038） 网址：www. waterpub. com. cn E - mail：sales@ mwr. gov. cn 电话：（010）68545888（营销中心）
经　　售	北京科水图书销售有限公司 电话：（010）68545874、63202643 全国各地新华书店和相关出版物销售网点
排　　版	中国水利水电出版社微机排版中心
印　　刷	涿州市星河印刷有限公司
规　　格	145mm×210mm　32 开本　2.875 印张　72 千字
版　　次	2023 年 11 月第 1 版　2023 年 11 月第 1 次印刷
印　　数	0001—2000 册
定　　价	**25.00 元**

凡购买我社图书，如有缺页、倒页、脱页的，本社营销中心负责调换

编 委 会 名 单

前言

"劳动教育"是一门培养学生创新意识和工匠精神的实践课程，促进人才"学习中观摩、模仿中获得、思索中创新"的培育目标，是高等教育快速通识教育必不可少的实践教学环节。

近年来，创新型国家、科技兴国等国家重大战略快速布局，中国特色创新成果大量涌现，从"天问一号"火星车、"天舟二号"货运飞船、"天和"核心舱，到驰骋祖国大地的高铁车组、轰鸣的白鹤滩水电站大机组，以及成功坐底10909米深马里亚纳海沟的"奋斗者"号载人潜水器，除了诉说我国制造技术步履铿锵以外，也极大宣示了我国正从制造大国向创造强国转变。当前世界正在历经百年未有之大变局，急需从创新思维、工匠精神等方面着眼，在劳动技艺实践的过程中体验劳动获得感和创新成就感，培育热爱劳动的优良作风和精益求索的工匠精神，并在融汇"文化自信"的自然科技底蕴过程中，实现"创新观"思维塑造的教育教学目标，有力支撑新时代创新观人才的快速培育。

本教材采用以图达意的设计路线，按照高等教育"宽基础，强实践，重创新"的人才培育理念，着力建设"生动、创新"的知识课堂，帮助学生在细致入微、严丝合缝的"苛求"中求索和实证工匠精神的实质，设计和实践"创新观"思维塑造为抓手的内涵"进阶专业+"，突出知识与技能的交融融合，发掘个体创新思维驱动力，塑造"工匠精神+创新能力"的复合精神品格，为实现中华民族伟大复兴的中国梦奠定基础。

由于编者水平有限，书中难免有欠妥或错误之处，敬请批评指正。

编者

2023年6月

目　录

第1章

劳动概论

1.1　劳动的发展历程

　　人类的历史就是一部漫长的劳动发展史。正如马克思所言：各种经济时代的区别，不在于生产什么，而在于怎样生产，用什么劳动资料生产。所以文明形态演进既与地域时空有关，更与人们在劳动过程中逐渐形成的制作技艺相关。历经石器文明、青铜器文明、铁器文明和现今的工业文明，一代代匠人的制作技艺在劳动中传承、交流中进步、创新中辉煌，小到器物制作，大到建筑建造，如同璀璨的明珠，闪耀在历史的长河中，并随时代变迁而发展，成为人类文明大厦的擎天柱和非物质文化瑰宝，更是人类智慧、创造力的重要标志符号（图1-1）。

石器打磨

青铜铸造

陶器烧制

数控雕制

图1-1　随时代变迁的制作技艺

1.2 劳动的文化传承

从远古到今天，无论文字丹铅，还是耕稼陶渔、星辰大海，都与人们的劳动密不可分。《孟子》中就有"后稷教民稼穑，树艺五谷；五谷熟而民人育"的记载，劳动教育与中华优秀传统文化相伴传承，并为文化传承提供源源不断的"源头活水"和滋养菁华，在文化传承中见证灿烂历程（图1-2）。

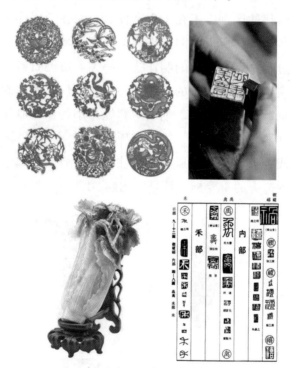

图1-2 中华文化优秀代表成果

正如习近平总书记在文化传承发展座谈会上指出，在新的历史起点上继续推动文化繁荣、建设文化强国、建设中华民族现代文明，要坚定文化自信，坚持走自己的路，立足中华民族伟大历史实践和当代实践，用中国道理总结好中国经验，把中国经验提升为中国理论，实现精神上的独立自主。因此开展劳动教育，不仅是为了见证中国文化的灿烂历程，更是为了通过传统技艺的体验学习，来找到中国传统文化的独特魅力、精髓和价值，在文化传承过程中促进个体身体机能、工艺技能、知识水平的系统性提高，达到个体对文化内涵精神的感知，从思想上树立文化自信，坚持守正创新，支撑新时代创新观人才的快速培育。

1.3　劳动的协同合作意识

人类劳动具有社会性和团队性，尤其是现代社会面临越来越精细的社会分工和协同。通过劳动的实践教育，接触工程实际，增加感性知识的体验和获得感，实现创新思维塑造与培育，锻炼与他人的分工和流程的优化合作，培养"1+1>2"的团队协同意识，促进学习和成长，增强团队精神和凝聚力，最终实现思维创新和创造力的交融发展。

1.4　劳动的工匠精神

千百年以来，以鲁班、李冰、郭守敬、李仪祉、倪志福、袁隆平、屠呦呦等为代表的一代又一代不屈不挠的中国人，即使面临各种艰难险阻，仍然以卓尔不群的技艺、孜孜不倦的钻研精神和坚韧不拔的人格魅力，铸就我们民族不可磨灭的精神脊梁和时代丰碑。

劳动教育就是开展劳动技艺实践，体验劳动获得感和创新成就感，培育热爱劳动的优良作风，在"工匠精神"严格要求中实现精益求索的思维塑造，构建全链条的人才培育体系。

（1）李仪祉，我国现代著名水利学家和教育家。1915年参与创办中国第一所水利专门高等学府南京河海工程专门学校（现河海大学），任教授、教务长，主讲"河工学""水文学""大坝设计"等水利核心课程，勇于探索，严谨治学，培养了中国第一批水利专门人才。他提出上中下游兼顾的治理黄河方略，改变了几千年来单纯下游治水的思想，主持建设泾、渭、洛、梅四大惠渠，树立了我国现代灌溉工程样板。

（2）屠呦呦，中国中医科学院首席科学家，"共和国勋章"获得者，首位获得科学类诺贝尔奖的中国人。她十几年如一日地精益求索，于1972年成功提取青蒿素，挽救了全球数百万人的生命。屠呦呦2011年9月获得拉斯克奖和葛兰素史克中国研发中心"生命科学杰出成就奖"，2015年10月获得诺贝尔生理学或医学奖。

1.5　劳动的培育目标

当前国际竞争日趋激烈，"卡脖子"技术和大国制造需求之间的矛盾呈现不可调和趋势。面对"人才强国""中国制造2025"等国家人才战略计划，我国高等教育面临巨大挑战和机遇，急亟推进人才创新观思维培育方法的变革。

通过劳动技艺的体验学习（图1-3），建立多线程、多维度的创新思维训练场景，以劳动精神面貌、劳动价值取向和劳动技能水平为抓手，引导创新思维的理念和发现，并在中国优秀文化传承过程中突出创新观思维和精益求索工匠精神的塑造培育，为我国新时代的现代化征程输送源源不断的人才。

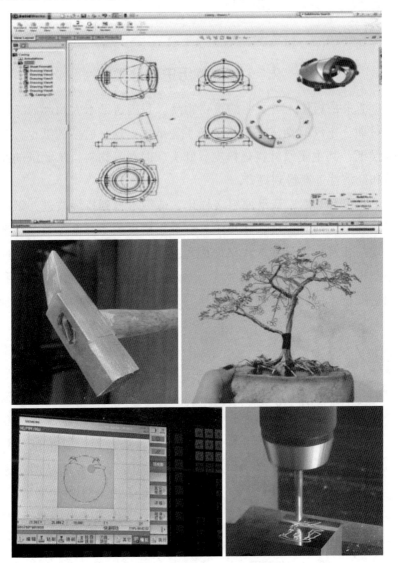

图1-3 体验式创新观思维塑造

第2章

纸张"秀"制作

2.1 纸张的历史与分类

纸张是相伴人类文明的重要物品。我国造纸术大约起源于西汉时期。东汉时期宦官蔡伦革新了造纸术，这一时期的纸也称为蔡侯纸，其主要原材料是树皮、麻头、旧布等物料，从此纸的品质和经济性逐渐得到提升。

到魏晋时期，造纸原料多样化，造纸术得到持续改进，纸的产量和品质与日俱增，桑皮纸、藤纸、楮皮纸、麻纸等纸品逐渐出现与普及，纸最终取代帛简成为主要书写材料，并且纸张的应用范围也逐步扩大，出现纸伞、风筝等物品。到公元8世纪，我国造纸技术已经传播到世界各地，促进了世界范围内纸张的大规模应用。

明清时期，造纸技术已经十分成熟了，施胶、加矾、染色、涂蜡、砑光、洒金、印花等工艺得到创新发展，宣德纸、松江谭笺等著名纸品的工艺已到了绝伦的地步。

当代纸张作为一种特殊的文化载体，应用到各个领域，在人们生活和工

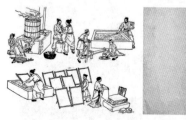

图2-1 古代造纸术

图2-2 纸应用

作中发挥着重要的作用。

（1）木浆纸，由木材纤维制成，适合大多日常使用。

（2）再生纸，废纸重新造浆再生制成。

（3）美术纸，用于绘画、素描和其他艺术创作的专业纸张。

图2-3　纸分类

（4）磨砂纸，用于呈现不同透明度的磨砂效果。

（5）食品包装纸，用于食品包装的专门纸张材料。

2.2　纸张"秀"——折叠符号及图解

纸的艺术性源远流长。折纸兴起于唐代，后来逐渐被广泛运用到了佛教礼仪当中。特定折法折出的纸花和纸模型演变为友谊或其他寄寓的信物。这一文化习俗在世界各地仍然被人们广泛遵循和传承。

大约在19世纪晚期，特别是第一次国际折纸学术会议在巴黎举行以来，现代折纸快速发展，出现了很多折纸大师，如吉泽章、Ligia Montoya与Adolfo Cerceda等。大量充满艺术魅力与创新精神的折纸作品被创作出来，极大改变了世人对折纸的看法。国际通用的折纸图解术语使得折纸可以通过图解传播，而且没有文字障碍，促进折纸风靡世界各地，更好地诠释了"艺术不仅仅是一项技能，它更是一种表达，这样才能被更多人所理解和感受。"

折纸过程中，需要眼勤看、多思考，记住折纸过程，达到手、眼、脑的协调，提高动手能力，活跃思维。

（1）常规的折叠符号及图解，如图2-4所示。

折叠符号　　　　　　　　　　　　图解

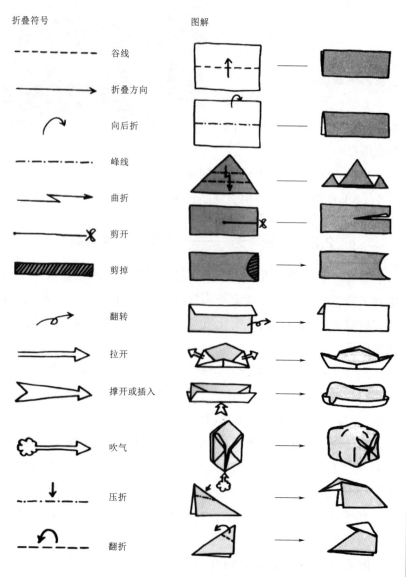

折叠符号	名称
-----	谷线
⟶	折叠方向
⤴	向后折
-·-·-·-	峰线
⟿	曲折
·····✂	剪开
▨▨▨▨	剪掉
↝	翻转
⟹	拉开
⟩⟹	撑开或插入
✿⟹	吹气
↓	压折
↺	翻折

图2-4　折叠符号及图解

（2）基本折法与扩展折法，如图2-5、图2-6所示。

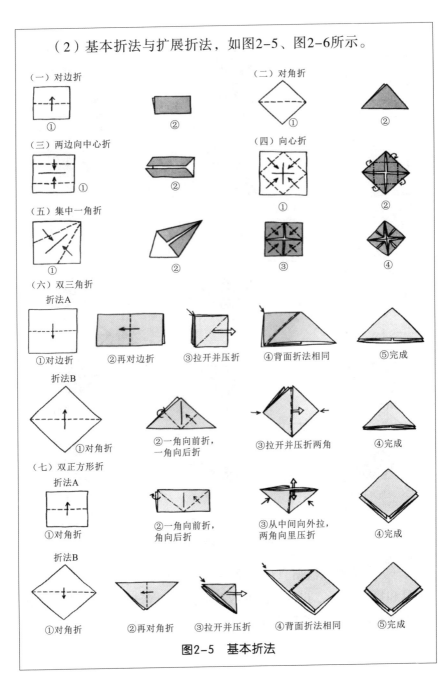

（一）对边折

① ②

（二）对角折

① ②

（三）两边向中心折

① ②

（四）向心折

① ②

（五）集中一角折

① ②

③ ④

（六）双三角折

折法A

①对边折　②再对边折　③拉开并压折　④背面折法相同　⑤完成

折法B

①对角折　②一角向前折，一角向后折　③拉开并压折两角　④完成

（七）双正方形折

折法A

①对角折　②一角向前折，角向后折　③从中间向外拉，两角向里压折　④完成

折法B

①对角折　②再对角折　③拉开并压折　④背面折法相同　⑤完成

图2-5　基本折法

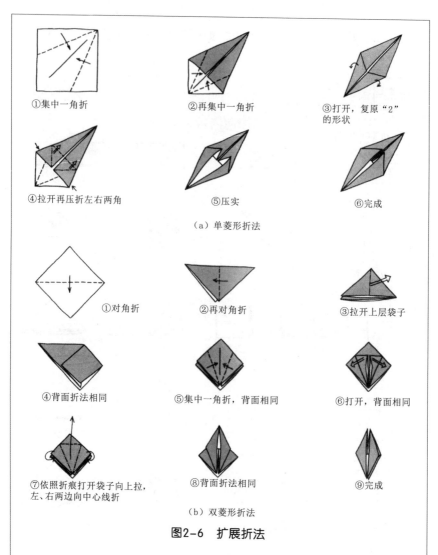

①集中一角折　　②再集中一角折　　③打开，复原"2"
的形状

④拉开再压折左右两角　　⑤压实　　⑥完成

（a）单菱形折法

①对角折　　②再对角折　　③拉开上层袋子

④背面折法相同　　⑤集中一角折，背面相同　　⑥打开，背面相同

⑦依照折痕打开袋子向上拉，
左、右两边向中心线折　　⑧背面折法相同　　⑨完成

（b）双菱形折法

图2-6　扩展折法

（3）描画。根据自己的喜好和创意设计，通过不同的绘图
工具和操作技艺，获得不同的线条质感、色彩和阴影效果，实现
折纸作品的艺术效果和表现风格，让纸上的画作有了寓意。

2.3 折纸的示例

（1）准备一张1∶2的长方形纸。

（2）先从彩纸的一头分别把角向内折，再从另一面过交点平行折一次，然后顺势把两侧向内折，如图2-7所示。

图2-7 步骤一

（3）另一侧也按上述步骤操作完成，如图2-8所示。

图2-8 步骤二

（4）把内侧四个角向外折，并从中间撑开，如图2-9所示。

图2-9 步骤三

（5）中间形成四个正方形，把正方形的每条边分别向内折，再把折好的角打开平分，如图2-10所示。

图2-10　步骤四

（6）上边和两边向后折，心形就成形了，如图2-11所示。

图2-11　步骤五

（7）"心花怒放"成品，如图2-12所示。

图2-12　爱心折纸成品

2.4 纸张"秀"创意设计欣赏

纸本身的可塑性高，是极佳的手工技艺创作素材。从飞翔的蝴蝶、绽开的花朵，到可爱的千纸鹤（图2-13），让人们在体验创意设计的同时，也跨越了国界和语言屏障。

图2-13 折纸成品欣赏

第3章

编织"秀"制作

3.1 编织材料

编织是人类最为古老的手工劳动，也是我国文化传承的主要遗产之一。编织采用各种植物的茎条枝叶等，制作各种用具器皿、鞋帽饰品等，提供给生产和日常生活使用。随着时代和科技发展，编织的原材料越来越丰富，方便就地取材，即时创意，具有劳动教育的多重"获得感"。

1. 草编

草编以草为原料，辅之以竹木、铁丝做支架，以新鲜草料做点缀，用刀、钳、锯、铁锤、针线等工具帮助编扎，通过编、

图3-1 草帽

插、织嵌、镶、绕、缠、悬、挂、空、别、剔、镂、透等十多种工艺技巧，一草一扎，环环相扣，梳理编织而成。草编有时还需硫磺熏蒸、漂白、染色以及编辫（花样辫）等，达到创意成形。

2. 竹编

竹编制品的原材料是竹子。我国长江流域、珠江流域竹类资源非常丰富，秦岭以北也有竹类资源的分布。通常不同的竹种有不同的特

图3-2 竹编

性和用途，考虑可供砍伐的竹种经济性，适宜用作竹编材料的主要有毛竹、水竹、桂竹、淡竹、黄古竹、慈竹等。

竹编的选材以竿直节长、质地柔韧、光洁无斑的竹子为佳。经锯切、卷节、剖竹、开间、劈篾、刮篾、劈丝、抽丝、浑丝等多道工序，将竹子制成各种竹丝、竹篾、竹片等，按既定设计方案，经过挑、压、交织等工艺，形成竹编制品。

3. 藤编

藤编以藤茎为材料，根据藤条的色型、质素的品位、直径的大小等予以处理，一般经过打藤（削去藤上的节疤）、拣藤、洗藤、晒藤、拗藤、拉藤(刨藤)、削藤、漂白、染色、编织、上漆等十几道工序编织而成。藤编制品大多采用藤的天然色泽，有时也漂白或染成咖啡色、棕色等，呈现多彩的风格。

图3-3 藤编

4. 扎带编织

日常生活中，扎带常见于纸箱、货物的包装，是一种结实的塑料材料，用完后往往作为垃圾处理。扎带编织通常根据扎带材质、颜色创意设计，辅之以竹木、铁丝做支架，采用剪刀、钳子等工具，结合编、插、织嵌、镶、别、剔、镂、透等工艺，进行编织创作。

图3-4 扎带编织

3.2 编织基本技法介绍

不同形制、不同材质的编织制品采用的编织方法不尽相同，但也有许多相通共融之处，因此掌握编织技法是编织制作中关键的环节和创作的基础。现以竹编制品为例，简要介绍常见的编织技法。

1. 平编法

取竹篾两根，以一条上一条下的方式重复操作，经纬篾片压一挑一、上下交错、不留空编织，是应用最广的编法。

图3-5　平编法

2. 四角孔编法

经纬篾片挑一压一，上下交错、等距成四方孔形、平行编织。

3. "米"字形编底

篾片"十字"形交叉重叠或重叠渐次展开（如扇形），用两条纬篾丝挑一压一由中心逐渐向外圈编绕。器体较大时需要更多的经篾以维持编作紧密结实。

图3-6　四角孔编法　　图3-7　"米"字形编底

4. 斜纹编法

斜纹编法是经纬篾片挑压数目两片以上，当横的纬材第二条穿织时，必须间隔直的一条，依两上两下穿织，第三条再依次间隔一条，于纬材方面呈步阶式的排

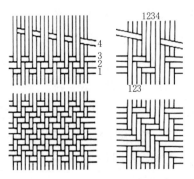

图3-8 斜纹编法

列、密接不留间隙，构成经纬篾片密接无间隔空隙特征，或经篾数量多、间隔密、纬篾紧密，挑、压之间两目以上连续编作，显出斜纹。

5. 六角孔编底

编织时放入的篾片拼编出正六角形，再保持平行与等距逐渐扩大。

6. 四角孔

经纬篾片压一挑一，等距、平行排列编织作成四角孔。

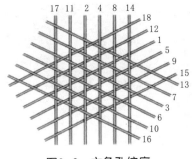

图3-9 六角孔编底

图3-10 四角孔

7. 三角孔编底

首先取3条篾片交叉散开，角度要相等，1在底、2在中间、3在上。然后挑1压2置入4；挑1压3、4置入5；挑2、4压3、5置入6；挑1、5压2、6置入7；挑6、1、4压3、7置入8；挑7、2、4压8、3、5置入9；最后8压4交叉即编制成三角孔编底的正六角形。

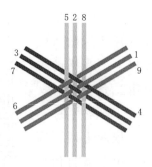

图3-11　三角孔编底

8. 轮口编底

（1）单轮口编底。将5片竹篾按数字顺序重叠排列，挑1压2、3、4、5置入6；挑1、2压3、4、5、6置入7；挑2、3压1、4、5、6、7置入篾片8，逐一放入，轮口慢慢增大，最后在篾片重叠部分，调整成所需口径相同的正圆形口。

以四条竹蔑为一单位，依序见图重迭散开，再增加四条，并注意其如何交织，理出顺序后，逐渐增加。

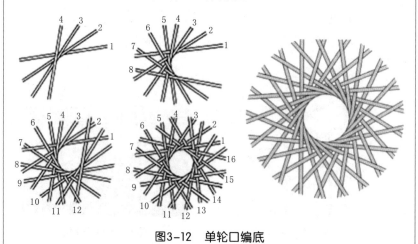

图3-12　单轮口编底

（2）双轮口编底。两个相同口径与篾片数目的轮口重叠，上轮口篾片间隙可见下轮口篾片，然后压住不可移动，上下轮口篾片相互挑压编作。

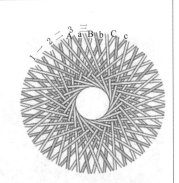

图3-13 双轮口编底

9.其他编法

（1）菱纹编（回字纹编），四方形底起编法，以中心压三挑三做上下左右对称图案（图3-14）。

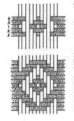

图3-14 菱纹编

图3-15 菱纹编成果

图3-16 人字纹编

（2）人字纹编，经纬篾的挑压组合组成像"人"字图案，篾片挑二压二人字纹编或挑三压三人字纹编，多呈现在竹席、竹匾、茶盘上面（图3-16）。

（3）弹花，在经纬交错基础上进行竹篾的扭转穿插，立体感更强，在一些高档竹编花瓶上经常会看到。有菠萝弹花、人字弹花、枇杷弹花、孔雀羽弹花、六角弹花、四方弹花等，对竹材的韧性要求较高，见图3-17。

（4）文字纹编，用两种颜色篾片编作文字图案，见图3-18。

图3-17 弹花

图3-18 文字纹编

10. 收边

编织完成时，为更加美观、防止编织件松脱散落，需作收边处理。

（1）摺返收边，将经篾摺返插入纬篾间或者横插相邻的经篾间，形成盘织交错，见图3-19。

（2）编组收边，使用长经篾片，相互穿插编作，穿绕编组收边呈显突稜状，有单稜、双稜、包稜、轮口等收边技法。

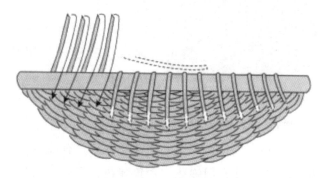

图3-19 摺返收边

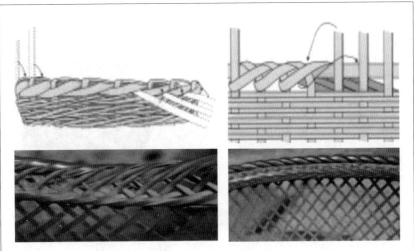

图3-20 编组收边

（3）绕卷收边，在竹编器口缘，先将经篾薄剥摺返收边后，另取宽厚竹片或一两年生的软竹在口缘内外侧圈夹，再用薄篾或藤皮绕卷扎结收边。

（4）变型收边，将编器口缘的篾芯换成铁线，在编组收边完成后，用手指压铁线呈希望的形状。铁线容易锈蚀，置入前应先以塑胶软管套入，再将口缘按设计变型。

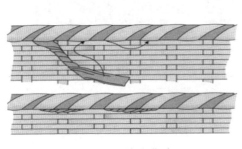

图3-21 绕卷收边

图3-22 变型收边

3.3 花盆编织的示例

打包带是一种非常结实的材料，通常使用后即遭废弃，但其实可以作为编织创作的材料。

（1）准备PVC打包带、尺子、夹子、剪刀、线绳、热熔胶等材料和工具。

（2）取4根打包带，长约30cm，交叉排好，4根带子长短对

图3-23　步骤一

齐，挑一压一成"井"字形，并把四角固定，防止脱散，然后把四周8根条子每条从中间撕开，成16根条子（图3-24）。

（3）编底，把一根条子剪开四分之一细条（长约90cm），然后对折成两根，套上一根带子后，一上一下同时编织。一上一下绕圈编，编到需要的宽度。

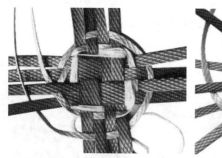
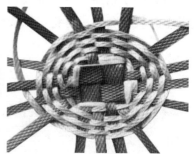

图3-24　步骤二

（4）编筐身，一条剪开二分之一条，开头把要交接的条剪成斜状，头尾两端重叠一起，接头尽量用夹子或用热熔胶固

定，防止脱散，然后开始一上一下编织，直到满足需要的高度（图3-25）。

（5）筐身编完后，尾线剪成斜面，保持筐口平整，开始收口，准备一根跟筐口一样尺寸的圈条，套上筐口一上一下，把向外面的条往里面穿插，向里面的条往外面穿插（图3-26）。

图3-25 步骤三　　　　　　　　图3-26 步骤四

（6）全部收完口，把底部固定的线拆掉，打包带花盆就完成了（图3-27）。

图3-27 编织成品

3.4　编织"秀"欣赏

（1）编织创意的设计成果，如图3-28、图3-29所示。

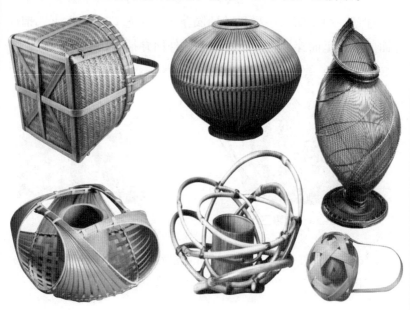

图3-28　编织"秀"作品欣赏（一）

图3-29　编织"秀"作品欣赏（二）

（2）编织成品纹样图样，如图3-30所示。

图3-30 编织纹样欣赏

第4章

篆刻

4.1　篆刻历史来源

　　篆刻是一种书法和镌刻结合的传统艺术形式，起源于中国，传播于域外，因篆书入印而得名，历史十分悠久。秦以前印章称为鉨（同玺），在秦统一中国后，规定皇帝用玺、一般人用印。自汉代以来官印、私人的章、印章、印信、宝、记、朱记、关防、押、图章、戳子等名称相继大量见于史料和文物，篆刻与印章已经融入我国传统社会生活的方方面面，成为考察古代文明的重要物证和缩影。

4.1.1　印石

　　印石的使用可以追溯到商代晚期，有用滑石制印的记载和出土文物，后以质坚耐久的铜玉为材料用于玺印，但是铜玉材料雕刻加工困难，主要用

图4-1　赵孟頫印

于器物记名用印、金币用印、标准量器用印等。

　　自元代赵孟頫大力提倡篆刻后，收藏印、斋馆印、词句印兴起，印章的形制、用材，印文的镌刻、章法布局都发生了显著变化（图4-1）。元末王冕以花乳石刻印以来，文人、书法家、画家自篆自刻且与书画结合，印章进入篆刻艺术时代。以青田石、寿山石、昌化石为代表的石材质地、色泽与字画相映成辉，篆刻艺术的审美价值得到人们极大认同。

（1）青田石产于浙江省青田县，因石质细腻温润，极易受刀，为篆刻家最爱使用的印材之一。青田石呈青、黄、淡红及青灰等色彩，并以灯光冻、白果冻、松花冻较名贵，封门青尤其珍贵。

图4-2 青田石

（2）寿山石产于福建寿山，品类繁多。常见的有白芙蓉冻、胭脂冻等，田黄石是寿山石中的佼佼者。其中"黄金黄""桔皮黄""枇杷黄""桂花黄"与"熟栗黄"最为珍稀。

图4-3 寿山石

（3）昌化石产于浙江省昌化县，有红、黄、灰等色交织在一起，犹如煮熟藕粉状的"藕粉冻"，其中又以凝状鸡血色的"鸡血石"为昌化石佳品，色泽越是鲜艳越是珍稀。

图4-4 昌化石

4.1.2　印石文字

汉字是世界上最古老的文字之一，具有四千多年的历史，汉字中甲骨文、金文、小篆、隶书、草书、楷书、行书等字体可作为篆刻字体，其中甲骨文、金文、小篆、隶书在篆刻时常用，依外观样式、风格进行设计和排列。

（1）甲骨文，是能见到最早的成熟汉字，主要指中国商朝时期王室用于占卜记事而在龟甲或兽骨上契刻的文字（图4-5）。

图4-5　甲骨文与篆刻

（2）金文，是殷商与周朝铸造在青铜器上的铭文，也叫钟鼎文（图4-6）。

（3）小篆，是秦统一六国后推行"书同文，车同轨"，由丞相李斯在原来大篆的基础上简化的汉字书写形式。由于篆书具有独特的排叠装饰手法，短者伸之、长者缩之、笔画少者盘曲排叠以补空白，曲直疏密、斜正倚侧，贴切方正形制，成为印章的主流文字（图4-7）。

图4-6　金文与篆刻　　　　**图4-7　小篆与篆刻**

（4）隶书，由篆书发展
而来，字形多呈宽扁，横画
长而竖画短，讲究"蚕头燕
尾""一波三折"，上承篆书
传统，下启魏晋、南北朝，书
法界有"汉隶唐楷"之美誉，
在印章上较为多见（图4-8）。

图4-8　隶书与篆刻

4.2　篆刻基本技法介绍

4.2.1　刀法

在印章创作中，刀法是治印者打造风格语言、塑造线条特质
的利器。正是因刀法的存在，印章篆刻逐渐摆脱了纯工艺属性，
具备了艺术风格和特质。不同的刀法在刻刀的握持、力度和运动
方向上都有所不同，冲刀强调的是整体的笔画流畅感，切刀则更
注重每一刀的精准刻画，刻者可以根据自己的风格和作品需要，
选择适合的刀法来进行创作。

（1）冲刀，是一种相对较为平直、连续的刻刀方法，多用
于刻写粗壮的线条和简化构图（图4-9）。

（2）切刀，注重每一刀的精细掌握，一刀一刀地刻下，刻
写细腻、丰富的线条和图案（图4-10）。

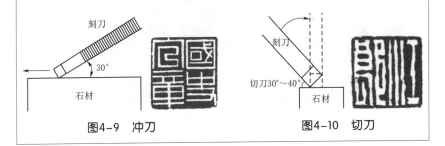

图4-9　冲刀　　　　　　　图4-10　切刀

4.2.2　临摹印法

篆刻治印关键是临摹，应该注重形与神的结合，通过临摹达到艺术创作与形意创新的追求。

（1）勾摹印稿。选择薄、韧、半透明的印稿纸，覆盖原稿勾摹临摹，或者通过镜子反写临摹（图4-11）。

（2）印稿上石。用香蕉水沾湿印稿，把印稿墨迹转印到石头上，或用油泥勾摹印稿拓印在石材端面上（图4-12）。

图4-11　反写临摹　　　　　　图4-12　印稿上石

（3）冲、切兼用运刀，实现篆刻印迹石刻（图4-13）。

图4-13　刀刻

4.3 篆刻的示例

4.3.1 准备工具

8 mm 和 5 mm 的刻刀各一把，其中刻刀一般为一定厚度的平口刀刃，刀口的出锋角度以 20°～40° 为适中（图4-14）。

图4-14 刀具

此外也需要多张砂纸，其中600目砂纸最常用，1500目砂纸常用来打磨（图4-15）。

图4-15 砂纸

再准备一些青田石练习章，可以用来练手（图4-16）。

图4-16 印章石材

还需备上印泥，印泥是篆刻的"墨色"。备印稿纸，也可以用普通宣纸（图4-17）。

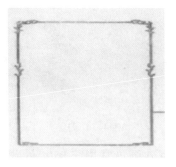

图4-17　印稿纸

4.3.2　开始创作

（1）打磨石材印面，将砂纸平铺在桌面上，把印石打磨至平整（图4-18）。

（2）设计印稿，将一张半透明的印稿纸或宣纸，附在印石上，用毛笔蘸油泥临出印稿（图4-19）。

图4-18　磨石头　　　　　　　图4-19　印稿

（3）转印上石，将印稿反附在石材上，用干净的毛笔蘸松香水打湿印面，等印面完全湿透，用宣纸吸干多余的松香水，附上印稿纸，并用力均匀按压印面，最后取下印稿纸，印稿复制到印石上。

（4）操刀篆刻（图4-20）。

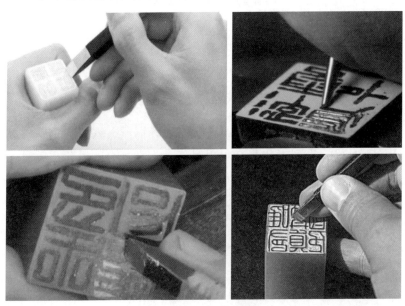

图4-20 操刀篆刻

（5）钤印，用牙刷清理刻好印面上的石屑，蘸上印泥，均匀用力按压，确保印面能均匀着纸（图4-21）。

图4-21 钤印

第5章

铁丝"秀"制作

5.1 铁丝"秀"材料

从旧石器时代开始，历经新石器、青铜器、铁器、钢铁、高分子等时代，直到近代复合材料时代，人类社会的进化史就是一部材料发展史。自18世纪中期以来，人类逐渐掌握了大规模炼

图5-1 钢的冶炼

钢的技术，并通过添加适量其他元素，达到对钢材的改性目标。从此钢的应用领域得到大幅拓展，钢材逐渐成为我们这个时代的主流金属材料。

铁丝选用优碳钢或不锈钢钢坯，退火后经多次拉拔，从粗丝逐渐细化成不同直径的细丝，并经镀锌、塑料包覆、各种颜色油漆等工艺处理，制成ϕ0.50 mm（25号）、ϕ0.55 mm（24号）、ϕ0.60 mm（23号）等不同规格的铁丝。铁丝有良好的延展性和可塑性，因此可用于各种艺术作品的创作（图5-2）。

图5-2 铁丝与"秀"品

5.2 基本技法介绍

铁丝手工成品各式各样，通常采用绕、折、剪、编、结、接等技法编织而成。下面结合图解对这些技法进行介绍。

5.2.1 绕

绕是将铁丝缠绕成环、螺旋等形状的一种制作方法。通常采用钳子、扁钳等工具制作。如果需要绕出复杂形状，可先在纸上进行模拟，思定后再进行绕制。

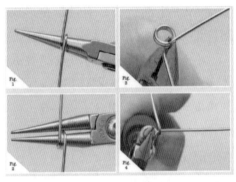

图5-3 环绕法

（1）环绕法，将铁丝弯成U形或V形，并留出一定长度的铁丝作为结尾。接着用钳子夹住U形或V形的一端，沿着它的弧线缓慢向上弯曲，逐渐绕成所需的环状，最后剪去多余的铁丝（图5-3）。

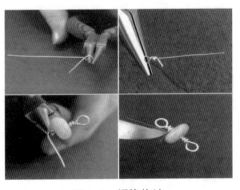

图5-4 螺旋绕法

（2）螺旋绕法，将铁丝绕在圆形或其他物体上，固定住一段铁丝，然后用钳子将铁丝另一端固定。用手轻轻绕着物体向上移动，直到达到需要的长度，再将多余的铁丝剪去（图5-4）。

5.2.2 折

　　折是将铁丝按照一定的角度或曲线进行折叠，实现各种既定的造型和雕塑。在折的过程中，要注意保持铁丝的连续性和线条的流畅性。

　　（1）简单折法，将铁丝根据所需要的长度、角度、形状等，用铁丝钳或扁钳等工具弯曲折叠（图5-5）。

　　（2）平面折法，通过折叠形成一些平面几何形状，如三角形、正方形、五角星形等。可进一步组合，形成更复杂的形状。

　　（3）空间折法，将铁丝折叠成空间几何形状，如球体、立体多面体等。需要先制作出基础形状，然后将基础形状按照需要的角度、方位进行组合（图5-6）。

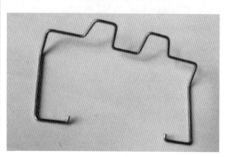

图5-5　简单折法

图5-6　空间折法

5.2.3 剪

　　剪是指将铁丝通过剪切、裁剪等方式，制作成各种长度和形状的制作方法。

　　（1）直线剪法，使用铁丝剪刀将铁丝剪成所需的长度（图5-7）。

图5-7　直线剪法

（2）快速剪法，在铁丝上打几个小孔，然后用剪刀在打孔处用力剪断。通过几个小孔可以减少铁丝内部对于剪刀的直接压力，使其更加容易被剪断。

5.2.4 编

编是指将铁丝按照一定的方式和顺序交织、编织、编绕等的制作方法，常被用于制作篮子、花盆、餐桌椅等。在编织的过程中注意保持铁丝的连续性和线条的流畅性。

（1）单股绑法，将一根铁丝按照需要的长度、形状进行编织。可以直接使用手指或者工具进行交织、绑定。相比于其他的绑法，该方法比较简单，适用于制作一些简单的编织物品。

（2）双股绑法，是将两根铁丝按照一定的方式绑在一起，通过相互交织、编绕等方式形成编织物品（图5-8）。

（3）螺旋绕法，通过将铁丝绕成螺旋形状，形成一些具有美感的铁丝制品。可以使用手指、钳子等进行绕制，需要注意绕的紧密度和线条的统一性（图5-9）。

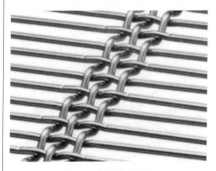 

图5-8　双股绑法　　　　　图5-9　螺旋绕法

（4）扭曲编织法，将铁丝按照一定的方式扭曲、交织、编织，形成编织品，常用于制作花艺、楼梯扶手等（图5-10）。

5.2.5　结

结是指将铁丝按照一定的方式和顺序打结、绑结、扣结等的制作方法，常被用于制作室内外饰品、绿植架、花架等。在结的过程中，需要注意保持铁丝的整体性和稳定性，

图5-10　扭曲编织法

避免铁丝过度变形或者破裂。同时，需要根据不同的制品选择不同的结和绑法，以达到结构美观、牢固和稳定的效果。

（1）扣结法，是将铁丝弯成所需的形状后，使用钳子或手指将其打结。按照需要变换不同的打结形式和顺序，制作出各种造型的铁丝制品（图5-11）。

（2）绑固结法，是将铁丝弯成形状后，将其绕在一个柱状体上，然后用细铁丝将其固定住。

（3）螺旋卷绕法，通过将铁丝卷绕成螺旋形状、环形状等，然后在不同位置打上结点或者固定点，以达到制作铁艺产品的目的（图5-12）。

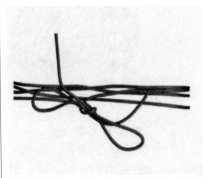

图 5-11　扣结法

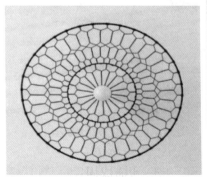

图5-12　螺旋卷绕法

（4）捆绑扎结法，将多根铁丝交织、扭曲等方式形成结构，然后使用细铁丝进行捆绑、架空等固定，形成特定造型（图5-13）。

图 5-13 捆绑扎结法

5.2.6 接

将铁丝相互紧密固定在一起，形成整体的制作方法。根据不同的铁丝材质、用途和连接形态，选择不同的连接方式，以保证连接处的牢固性、美观性和安全性。

（1）焊接法，通过使用电焊或气焊等方式将铁丝焊接在一起，这种方式连接的铁丝牢固性最高，能够承受较大的力量（图5-14）。

（2）扭曲法，将两段铁丝部分重合，然后用钳子夹住重合部分，并用力扭拧使其缠绕在一起（图5-15）。

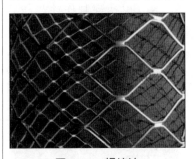

图5-14 焊接法

图5-15 扭曲法

（3）缠绕法，将一根铁丝在另一根铁丝周围绕制，然后用钳子将其弯曲成固定形状。这种方式能够增加铁丝连接的固定性和牢固性，并且连接后的铁丝也能够保持一定的柔韧性。

图5-16 扎结法

（4）扎结法，用细铁丝将两段铁丝捆绑在一起（图5-16）。方式比较简单，连接的强度较低，只适合一些细节处的连接。

5.3 钥匙扣制作示例

铁丝是生活中常见材料，下面通过钥匙扣制作，演示铁丝制品创作的过程。

（1）准备材料和工具：长约为30cm的直铁丝一根，粗、细圆棒各一根，钳子两把。

（2）首先用钳子夹住铁丝约二分之一处，将铁丝在其中间位置折出U形（图5-17）。

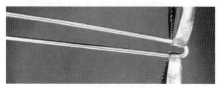

图 5-17 步骤一

（3）在距离U形弯约5cm处，选其中一端铁丝作如图5-18所示的Z形弯折（记作铁丝a）成形，然后用台虎钳夹住U形弯部分的铁丝，并将另一端铁丝向下弯折（记作铁丝b）成形，如图5-19所示。

图5-18 步骤二

图5-19 步骤三

（4）用钳子夹住铁丝a，并以铁丝b为轴心绕制，线圈长度到达4cm后，将铁丝a多余部分剪掉，成品如图5-20所示。

图5-20 步骤四

（5）将U形弯部分的双股铁丝绕粗圆棒弯折成椭圆形，成品如图5-21所示。

（6）用钳子将椭圆形铁丝的开口部分向上弯折约70°，并将线圈尾部的铁丝b绕细圆棒两圈，成品如图5-21所示。

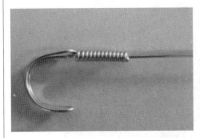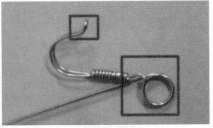

图 5-21 步骤五

（7）将剩余部分的铁丝b从椭圆开口处的U形弯穿出，并在U形弯处的起限位置进行弯折。最后在铁丝尾部作一定的弯折，一个钥匙扣就做好了（图5-22）。

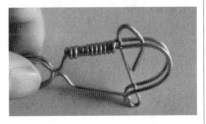

图 5-22 创作成品

5.4 铁（钢）丝"秀"创意设计

铁丝"秀"是一种用铁丝和钳子等简单工具创造出各种形状和结构的手工活动。通过将铁丝弯曲、缠绕、交错等手法，可以创作出各种细致、独特的艺术品和装饰品。无论是制作钥匙扣、花瓶、动物、花朵还是抽象的艺术品（图5-23），铁丝手工设计都能展现出个人创造力和精巧的工艺技巧。

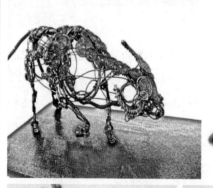

图 5-23　铁丝"秀"创作

第6章

钳工与钣金制作

6.1 钳 工

在早期工业化时代，钳工是工业生产主要制造方式。随着科技的进步，现代制造技术取得重要进展，但工业生产仍然需要大量钳工修配工艺，实现产品的高效工作性能和长寿运行（图6-1）。

图6-1 钳工锉削现场

6.1.1 钳工基本技法

1. 錾削（又称凿削）

錾削是一种通过锤子打击錾子对金属工件进行切削加工的方法，主要用于去除毛坯上的凸缘、毛刺、分割材料、錾削平面及油槽制作等加工。

2. 铆接

铆接是使用铆钉墩粗后形成钉头，连接工件。

图6-2 錾削与铆接

3. 划线与锯切

划线，根据图样和技术要求，用刻划工具在工件上划出加工界线或划出基准点、线。锯切，用锯对工件或材料进行分割，以获取需要的长度（图6-3）。

图6-3　划线与锯切

4. 锉削及钻孔

锉削，用锉刀从工件表面锉掉多余金属的制作加工方法，以达到所需的尺寸、形位和表面粗糙度（图6-4）。顺锉法用于较小平面锉削；滚挫法用于锉削内外圆弧面和内外倒角；交叉锉法用于粗锉、初加工；推锉法用于修光、精加工。

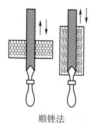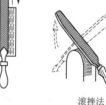

顺锉法　　　　　　滚挫法

交叉锉法　　　　　　推锉法

图6-4　锉削

钻孔，用钻头在工件上制作出孔的方法（图6-5）。

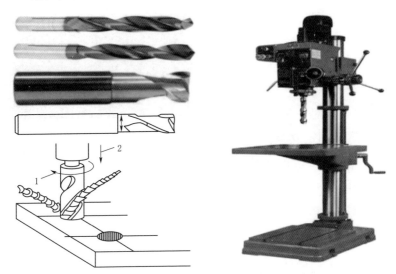

图6-5 钻孔

5. 攻丝和套扣

攻丝是在内孔表面加工内螺纹，即螺母。套扣是在外圆柱表面加工出外螺纹，即螺栓。攻丝和套扣见图6-6。

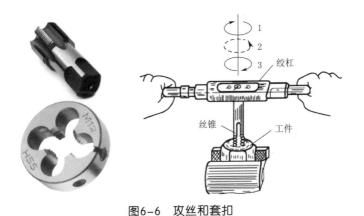

图6-6 攻丝和套扣

6.1.2 装配

（1）装配，将若干个已加工的零件按装配工艺要求组装起来，并调整、试验，使之成为合格产品。

（2）装配一般应确定零件正确位置和固定要求。

图6-7 装配现场

（3）通常装配过程如下：熟悉图纸、设计要求和产品结构；准备工具和装配方法；组件装配、部件装配和总装配；调整、检验和试车；油漆、涂油和装箱。

6.1.3 手锤制作示例

（1）手锤制作过程，集成了锯削、锉削、钻孔、简单装配等钳工技能训练，是钳工实践普遍采用的训练项目。手锤制作的尺寸和形位要求如图6-8所示。

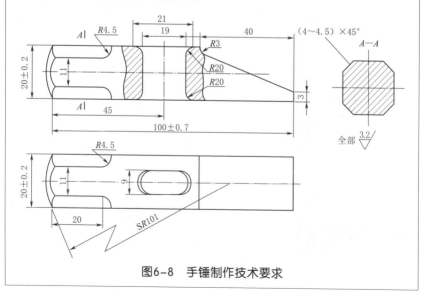

图6-8 手锤制作技术要求

（2）截取一段125mm长的钢方料作为毛坯试件。

（3）手锤制作工具，有划线平台、方箱、游标卡尺、划针、手锯、锉刀、钻头和锤子等。其中手锯锯条要保证齿尖朝前，如图6-9所示。

齿向朝前

图6-9　锤制作所需工具

（4）制作过程

首先用台虎钳夹紧毛坯试件，并用手锯从铁棒直角处沿一定角度锯掉一部分，以形成斜坡，如图6-10所示。

将毛坯试件平放在台虎钳夹紧，并在铁棒中间钻一定大小的孔洞，然后用锉刀将孔洞打磨光滑，并且要将毛坯试件整体打磨光滑。如图6-11所示。

图6-10　虎钳

图6-11　打磨

用锉刀将毛坯未斜锯端四个棱角打磨光滑（图6-12），并把毛坯端部打磨成球面，手锤的锤头就制作完成了。

最后给锤头装上木棍，手锤制作即告成（图6-13）。

图6-12　锉刀打磨

图6-13　成品

6.2 钣金制作

6.2.1 钣金的种类

钣金加工是针对金属薄板的一种综合冷加工工艺，包括剪切、冲裁、折弯、焊接、铆接、模具成型及表面处理等工艺。其在电子电器、通信、汽车工业、医疗器械等领域得到了广泛应用。

1. 非模具加工

非模具加工是指在钣金制作过程中，直接根据设计要求，通过常规工具和设备进行加工（图6-14）。这种加工的精度和质量稳定性受人为因素影响较大，适用于小批量和定制化生产。

图6-14 非模具加工

2. 模具加工

模具加工是指在钣金制作过程中，先制作钣金模具，再使用模具对钣金进行成形制作（图6-15）。这种加工的精度和质量稳定性较好，适用于大批量和标准化生产。

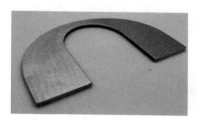

图6-15 模具加工

6.2.2 基本流程

1. 放样划线

放样划线是指在加工钣金零部件前，根据设计图纸或模具尺寸要求，将所需的形状、位置和尺寸要求，标记在钣金材料上（图6-16），以便后续剪切、折弯、冲压等操作加工。

图6-16　放样划线

2. 裁切

裁切是将钣金材料按照设计要求，通过手工剪切、机械剪切和数控剪切等方法进行剪切或切割，获得所需形状和尺寸的零部件（图6-17）。在裁切过程中，需要根据放样划线的标记进行准确定位和加工操作，避免产生过度变形、毛刺和切割崩边等问题。

图6-17　激光切割

3. 折弯

折弯是按设计要求和放样划线的标记，在合适的位置施加压力，将材料折叠或弯曲，以形成所需的形状和角度，实现零部件的连接、强化或形成特定结构的加工过程（图6-18）。

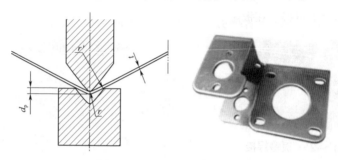

图6-18　折弯

4. 卷边

卷边是指将材料边缘进行卷曲或卷边（图6-19），改变材料的形状和结构，增加零部件的强度、刚性和装配性。

5. 钻孔

钻孔是指在钣金板材上加工出孔洞的加工方法（图6-20），实现零部件的组装、固定或通风排气等功能需求。

图6-19　卷边方盘

图6-20　钻孔

6. 拼接

拼接是指通过焊接、螺栓连接、铆接、黏接等方式，将不同的钣金零部件连接在一起，形成完整的结构或装配件。

（1）焊接。将钣金零部件的接缝处加热至熔化状态，再使其冷却从而形成连接，实现较高的连接强度和密封性（图6-21）。

（2）螺栓连接。在钣金零部件上打孔，并用螺栓和螺母连接。

（3）铆接。在钣金零部件上打孔，使用铆钉和铆钳进行连接。

图6-21　钣金焊接　　　　图6-22　螺栓连接与铆接

（4）黏接：通过使用胶水、胶黏剂或黏合剂将钣金零部件粘接在一起。此法具有较好的密封性和减震效果。

6.2.3　铁盒制作示例

（1）设计规划：根据需要对盒子进行设计，确定盒子的尺寸、形状、结构和材料等。

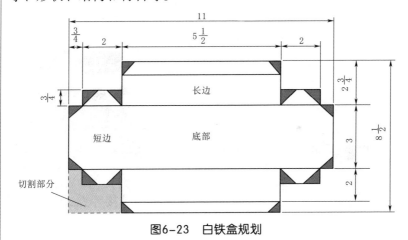

图6-23　白铁盒规划

（2）准备：准备合适的钣金工具和材料。钣金工具主要有尺子、铁锥、剪子、夹机、点焊机。钣金材料选择白铁皮或薄不锈钢板等。

图6-24　材料准备

（3）标记划线：按照设计要求在金属板上测量并标记整体尺寸（图6-25）。

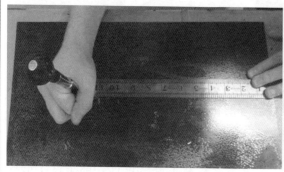

图6-25　标记尺寸

（4）裁切成型：根据标记的尺寸布局，使用剪刀将金属板切割出所需的形状、大小（图6-26）。用一块金刚砂布或一些800目砂纸清洁一下金属的内外表面，打磨掉版面处理液以及金属表面油脂。

图6-26　裁切成型

（5）铁盒底部：将标记底部线以下的金属板插入条形夹机，按照标记线将铁盒的下摆折叠出来。

图6-27 铁盒底部制作过程

（6）弯成铁盒：沿标记线折弯90°。重复上述步骤直至铁盒成型。

图6-28 折弯过程

（7）点焊：将铁盒子放在焊接电极之间，完成点焊。然后循环焊接，直至铁盒整体焊接完成。

图6-29 点焊

（8）铁盒制作完成后，重复制作另一个稍大的铁盒作为盖子并喷漆。最终成品如图6-30所示。

图6-30 铁盒

第7章

仿真与现代CAM数控制作

7.1 现代仿真技术与进展

设计是一个创造价值的劳动过程，需要进行反复多次的试验，验证设计结果是否符合要求，是近乎完善的技术过程。

随着现代仿真技术的发展，借助数值计算和工程问题的快速预测、评估，仿真技术成为现代创新和工程设计的重要支撑（图7-1）。

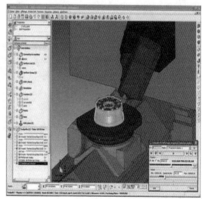

图7-1 现代仿真技术

创新设计通过发挥设计创造性思维和资源整合能力，充分利用基础材料、工业技术和制造工艺，将文化艺术、理念、思维等进行创新性设计与融合，从而实现工程需求的技术革新，如图7-2所示。

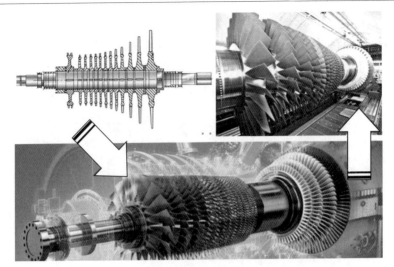

图7-2 现代CAM设计创新与创新制造

7.2 现代仿真软件简介

SolidWorks三维设计软件是法国达索公司的旗舰产品，具有功能强大、易学易用和技术创新三大特点，使得SolidWorks成为领先的主流的三维CAD解决方案。对每个设计者来说，其优异的性能、易用性，极大地提高了机械工程师的效率，在与同类软件的激烈竞争中已经确立了市场地位，成为三维机械设计软件的标准，其应用范围包括机械、航天航空、船舶制造、医疗器械和电子等诸多领域。

1. SolidWorks三维设计软件界面

SolidWorks三维设计软件界面如图7-3所示。

2. 建模的基本步骤

（1）草图绘制：首先选择一个基准面（前视基准面、上视基准面和右视基准面中任意一个），然后利用草图快捷工具栏中的直线、矩形、圆和多边形等工具（图7-4），进行草图绘制。

（2）特征变换：将绘制好的草图进行所需要的特征变化，比如拉伸凸台/基体、旋转凸台/基体、拉伸切除和旋转切除等，从而由二维草图变换为三维立体模型，特征快捷工具栏如图7-5所示。

（3）材料设置：对模型选择相应材料，如图7-6所示。

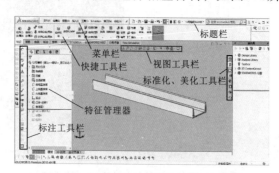

图7-3　SolidWorks三维设计软件界面

图7-4　草图快捷工具栏

图7-5　特征快捷工具栏

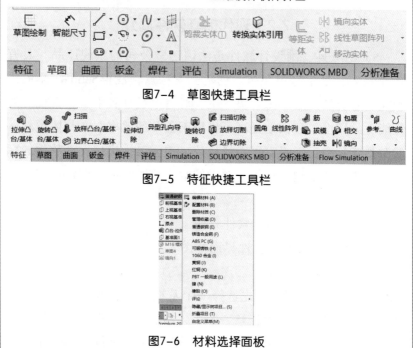

图7-6　材料选择面板

3. 建模图解

经过上述三个步骤，基本实现了某个单一零件的建模。下面将列举一个实例，方便同学们进行理解。

实例：12号槽钢的建模

（1）首先选择前视基准面，点击 草图绘制，利用草图快捷工具栏中的直线、圆、圆弧工具绘制出草图，如图7-7所示。

（2）点击 拉伸凸台/基体，对绘制好的草图进行拉伸操作，设置拉伸深度500mm，如图7-8所示，随后点击确定按钮。

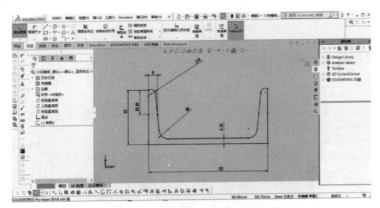

图7-7　前视基准面草图绘制

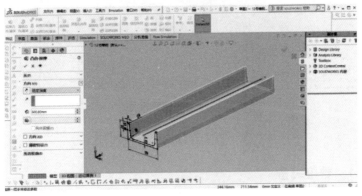

图7-8　拉伸凸台

（3）点击特征管理器中的 🔳材质<未指定>，进行槽钢材料的设置，选择材料为普通碳钢，如图7-9所示，最终完成12号槽钢零件图的绘制，如图7-10所示。

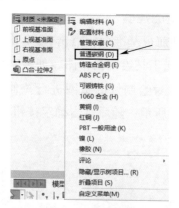

图7-9　材料设置

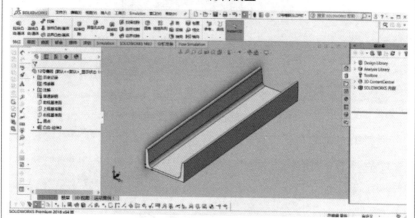

图7-10　槽钢完成图

7.3　现代CAM数控制作

7.3.1　数控装备

数控装备是一种装有程序控制系统的自动化机床。该控制系统能够处理具有控制编码或其他指令的程序，并将其译码。译码采用代码数字表示，通过U盘拷入数控装置，经控制系统运算处理，按图纸要求的形状和尺寸，发出各种控制进给信号，实现机床可控零件加工。

数控装备较好地解决了复杂、精密、小批量、多品种的零件加工问题，是一种柔性的、高效能的自动化机床，代表了现代机床控制技术的发展方向，是一种典型的机电一体化产品，主要典型装备有数控雕刻机和3D数控打印机，如图7-11所示。

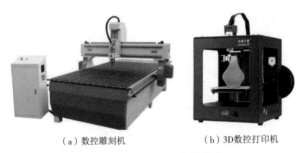

（a）数控雕刻机　　　　　（b）3D数控打印机

图7-11　现代CAM数控装备

7.3.2　数控编程技术基础

数控编程的内容和步骤：①分析零件图，确定工艺过程；②数值计算；③编写加工程序单；④程序输入，校对检查程序；⑤首件加工。完成以上工作，确认试切零件符合技术要求后，数控编程才完成。

1. 人工编程

零件图样分析、工艺处理、数值计算、编写程序单、键盘输入程序等步骤均由人完成，采用ISO标准代码编写。

2. 计算机辅助编程

（1）数控语言编程。

自动生成数控加工程序，但直观性差，方法复杂不易掌握且不便进行阶段性检查。

（2）图形交互式编程。

利用CAD成图编程，编程效率高，程序流程合理，刀路工艺性好，制作可靠性高。

3.数控编程坐标系

（1）直线进给和圆周进给运动坐标系。

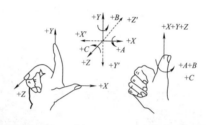

进给坐标系用X，Y，Z轴表示，由右手定则决定，是假定工件不动，刀具相对工件运动。若工件移动，则用"′"表示与刀具运动正方向相反。

$+X= -X'$，$+Y= -Y'$，$+Z= -Z'$，

$+A= -A'$，$+B= -B'$，$+C= -C'$。

（2）机床坐标系与工件坐标系。

1）机床坐标系。机床上固有的坐标系。可确定机床的运动方向、移动距离、工件在机床的位置、机床运动部件的特殊位置以及运动范围。数控机床采用标准笛卡儿直角坐标系。遵从右手法则；Z轴与主轴方向一致；刀具远离工件的方向为坐标轴正向。

机床原点就是坐标系原点，在机床上是一个固定点，在正式加工前要使各个坐标轴回归到原点。建立坐标系只在开机时作一次，只要不关闭系统，机床坐标系始终有效。

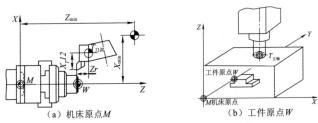

（a）机床原点M　　　（b）工件原点W

图7-12　机床原点与机床参考原点

2）工件坐标系和编程零点。工件坐标系以工件设计尺寸建立坐标系，编程零点为人为采用零点，一般取工件坐标系原点。坐标系工作原点W、机床原点M、编程原点P偏置关系，见图7-13。

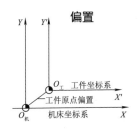
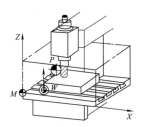

图7-13　坐标系原点偏置关系

7.3.3　数控编程基础

1. 数控加工程序的组成

程序段用字符"%××"标示，每行程序都以"N××"开头、LF结束，用M02作为整个程序段结束字符，通常LF在实际面板上不显示（图7-14）。

（1）程序格式。程序内容书写顺序如下表示，从左往右书

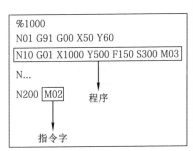

图7-14　程序格式

写，地址符后应有相应的数字。

程序号	准备功能	坐标尺寸或规格字		进给功能	主轴速度	刀具功能	辅助功能	程序段结束符
N_	G××	X_Y_Z_ U_V_W_ P_Q_R A_B_C_ D_E_	I_J_ K_R_	K_ L_ P_ H_ F_	F_	S_	T_	M××	LF

（2）主程序和子程序。子程序可反复调用、简化编程。M98表示调用子程序，格式为M98 P_L_，P后面四位数字表示子程序标示号，L后面四位数字表示调用子程序的次数（范围为0000–9999，默认1次）；M99表示结束子程序并返回主程序。

主程序：%1000
 N01…LF
 …
 N11 M98 P0037 LF /*调用子程序1指令*/
 N31 M98 P0077 LF /*调用子程序2指令）
 …
 N__… M02 LF

子程序1：%0037
 N01…LF
 …
 N__ M99 LF/*返回主程序*/
子程序2：%0077
 N01…LF
 …
 N__ M99 LF/*返回主程序*/

2. 常用数控功能指令

G指令为准备功能指令，用来规定刀具和工件相对运动的插补方式等。

（部分）从G00到G99共有100种代码。

（1）绝对坐标与相对坐标指令 G90，G91。由*A*点插补到*C*点的程序。*AB*和*BC*表示两个直线插补程序段运动方向。

（2）坐标系设定指令 G92、X20.0、Z30.0。G92设定机床坐标系与工件坐标系的关系，确定工件的绝对坐标原点，如图7-15所示，则可设定程序为G92、X20.0、Z30.0。

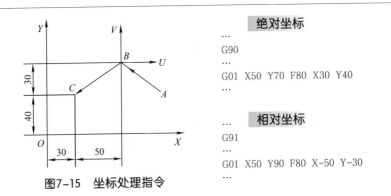

图7-15　坐标处理指令

绝对坐标
...
G90
...
G01 X50 Y70 F80 X30 Y40
...

相对坐标
...
G91
...
G01 X50 Y90 F80 X-50 Y-30
...

（3）平面指令G17、G18、G19。

笛卡儿直角坐标系三个互相垂直的轴（X，Y，Z）轴构成三个平面（XY，XZ，YZ），数控机床总在XZ平面内运动，无须设定。G17表示在XY平面内加工；G18表示在XZ平面内加工；G19表示在YZ平面内加工。

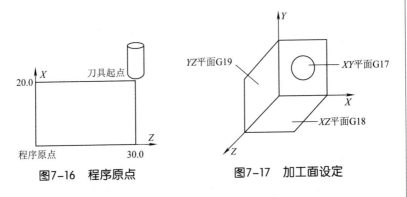

图7-16　程序原点

图7-17　加工面设定

（4）原点设置选择指令G54～G59。工件原点相对机床原点的坐标值。

要使刀具从当前点移动到A点，再从A点移动到B点，可以通过图7-18左侧程序实现：

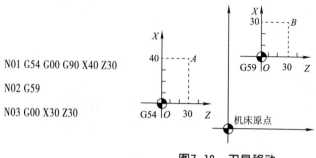

N01 G54 G00 G90 X40 Z30

N02 G59

N03 G00 X30 Z30

图7-18　刀具移动

3. 与刀具运动方式有关的G指令

（1）快速点定位指令 G00。G00使刀具以最快速从当前点移动到指定点。

（2）直线插补指令G01。用于插补加工出任意斜率的直线段，G01指令可让刀具从P点运动至A点，然后沿AB、BO、OA切削（图7-20）。

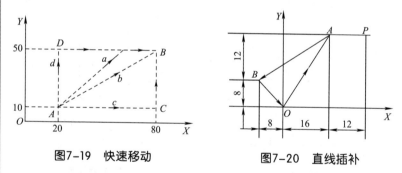

图7-19　快速移动　　　　**图7-20　直线插补**

（3）圆弧插补指令G02、G03。G02、G03分别用于顺时针和逆时针的圆弧加工，圆弧插补程序中应包括圆弧的顺弧、终点坐标及圆心坐标。格式如下：

$$\begin{Bmatrix} G17 \\ G18 \\ G19 \end{Bmatrix} \begin{Bmatrix} G02 \\ G03 \end{Bmatrix} X\_Y\_Z\_ \begin{Bmatrix} I\_J\_K\_ \\ R\_ \end{Bmatrix} F\_LF$$

其中圆心坐标 I，J，K 一般用圆弧起点指向圆心的矢量 X，圆弧插补方位的顺、逆方向，按图7-21判断。

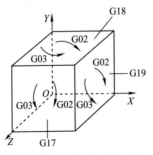

图7-21　圆弧插补方位判断

4. 与刀具补偿有关的G指令

（1）刀具半径补偿指令G41、G42、G40。使用刀具补偿指令。此时只需按零件轮廓编程，而不需考虑刀具半径，大大简化了编程，且可留出加工余量。G41为左补刀指令、G42为右补刀指令、G40为注销刀具补偿命令，见图7-22。

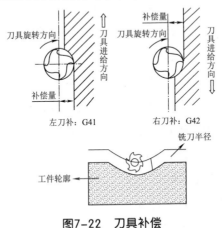

图7-22　刀具补偿

（2）刀具长度补偿命令 G43、G44。刀具长度不同或需进行刀具补偿时用该指令，可让刀具在 Z 方向上的实际位移量大或小于程序给定值。

即：实际位移量=程序给定值＋补偿值

G43 正偏置，即刀具在+Z方向进行补偿

G44 负偏置，即刀具在−Z方向进行补偿

（3）暂停延迟指令 G04。G04让刀具短时间地无给进运动，适用于车削环槽等平面加工。其编写格式为G04 β＿＿LF。

（4）固定循环指令。常选用G80~G89作为固定循环指令。

5. M指令

M指令是辅助功能指令，控制机床或系统的命令。如开、停冷却泵，主轴正、反转，程序结束等。从M00~M99。

（1）程序停止命令 M00。

重按启动键可以继续执行后续操作。

（2）计划（任选）停止命令 M01。

指令常用于工件关键尺寸的停机抽样检查等情况。

（3）程序结束指令 M02、M30。

此指令可让主轴实现进给及冷却全部停止。此时按"启动"键无效。

（4）主轴有关指令 M03、M04、M05。

M03表示主轴正转，M04表示主轴反转，M05为主轴停止。

（5）与冷却液有关的指令 M07、M08、M09。

M07为命令2号冷却液开或切屑收集器开；

M08为命令1号冷却液（液状）开或切屑收集器开；

M09为冷却液关闭。

（6）换刀指令 M06。

M06用于手动或自动换刀。

（7）运动部件的夹紧和松开指令 M10、M11。

M10为运动部件夹紧；M11为运动部件松开。

（8）主轴定向停止指令 M19。

主要用于数控坐标铣床，加工中心等。

6. F、S、T指令

F指令：进给速度指令。

S指令：主轴转速指令。

T指令：刀具指令。

7.3.4 数控编程应用实例

1. 尺寸单位的选择

格式：G20

　　　G21

	线性轴	旋转轴
英制G20	英寸	度
公制G21	毫米	度

说明：G20：英制输入制式

　　　G21：公制输入制式

2. 进给速度单位的设定

3. 线性进给及倒角G01

4. 螺纹切削

格式：G94[F]

　　　G95[F]

说明：G94：每分钟进给

　　　G95：每转进给

格式：G01 X_Z_F_

说明：X，Z：线性进给终点

　　　F：合成进给速度

倒角：能在两相邻直线间插入倒角

输入C_，便插入倒角程序段

图7-23 华中世纪星
HNC—21T 车削数控装置

输入R_，便插入倒圆程序段

C表示倒角离拐角的距离

R后的值表示倒角圆弧的半径

格式：G32 X_Z_R _ E _P_F_

说明：X，Z：螺纹终点　　　　　F：螺纹倒程

　　　R，E：螺纹切削退尾量　　P：主轴转角

注意：G32只能加工圆柱螺纹、锥螺纹和端面螺纹。

7.3.5　数控铣床　铣削数控常用编程指令

1. 旋转变换 G68、G69

格式：G17 G68　X_Y_ P_

　　　G18 G68　X_ Z _P_

　　　G19 G68　X_Y_Z _P_

　　　M98 P_

　　　G69

　　　G68：建立旋转

　　　G69：取消旋转

2. 缩放功能 G50、G51

格式：G51 X_Y_Z _P_

　　　M98　P_

　　　G50

说明：G51：建立缩放

　　　G50：取消缩放

3. 镜像功能 G24、G25

格式：G24 X_Y_Z _A_

　　　M98　P

　　　G25 X_Y_Z_A_

说明：G24：建立镜像

　　　G25：取消镜像

7.3.6　应用编程实例

1. 工件毛坯外圆直线轮廓加工（图7-24）。

2. 程序举例。

（1）快速点定位G00指令。

格式：G00 X (U) _ Z (W)_ ；（X、Z表示快进终点的绝对坐标；U、W表示快进终点的相对坐标）

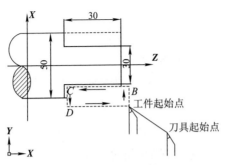

图7-24　零件图

（2）直线插补G01指令。

格式：G01　X（U）_ Z（W）_ ；（X、Z表示快进终点的绝对坐标；U、W表示快进终点的相对坐标）

外圆直线轮廓加工：　01001；　　　（表示程序代号）

T0101；　（T表示调刀，0101表示第一把刀和第一个刀补）

G00 X100 Z100；（快速定位到O点）

X52 Z2；　　（快速定位到A点）

M03 S500；　　（M03表示主轴正转，S表示转数）

X48；　　（每次进给2mm向B点移动）

G01 Z-30 F0.2；（加工工件用G01插补，F表示进给速度，加工至C点）

X52；　　（移动至D点）

G00 Z2；　　（快速回到A点，完成一个循环）

X46；　　（再次进给2mm）

……

直到　X30；

G01 Z-30；

X52；

G00 Z2；

X100 Z100；　　（加工完毕刀具回到O点）

M30；　　（程序结束）

（3）外径、内径（横向）固定循环切削用G90指令。

1）直线圆柱切削　　格式：G90 X (U)___ Z (W)___ F___；

2）圆锥切削　　格式：G90 X (U)___ Z (W)___ R___ F___。

（注：格式中的字符R指锥度两端的半径差）

7.4　现代CAM制作

现今，用户可以编制数控程序，导入数控软件系统中，从而通过计算机端口控制数控装备的指令运行，实现既定CAM交互加工。

结合SolidWorks系统中机械加工自动化的TechDBTM智能算法，基于数字化建模设计，示例加工技术、加工细节、切削条件和技术支持数据库的自动生产制造。

7.4.1　机床设置

从机器菜单中选择不同的机器（4轴或5轴），以指定SolidWorks CAM中所需的机床类别设置（图7-25）。

图7-25　SolidWorks CAM的机床类别设置

图7-25　SolidWorks CAM的机床类别设置（续）

7.4.2　建立CAD模型

CAD模型是编程的前提和基础，任何CAM的程序编制必须由CAD模型为加工对象进行编程。

（1）通过SolidWorks软件的CAD/CAM一体化软件，进行曲面和实体的造型（图7-26）。

（2）当模型是其他CAD软件造型时，可转换为IGES、STEP等格式，再通过数据转换接口导入重新生成模型。

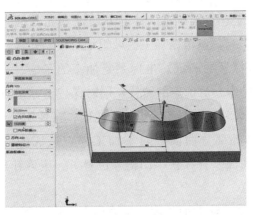

图7-26　仿真建模重构和数控机床类别参数

7.4.3　CAM加工工艺分析和规划

在加工区域规划或分配时，参考实物可以更直观地进行加工工艺分析和规划：

（1）加工对象的限制。尖角、细小筋条等部位形廓，更适合线切割或者电火花进行加工；对于孔、回转体加工，采用普通钻床、车床有经济。

（2）加工区域规划。按形状特征、功能特征，以及精度、粗糙度要求，将加工对象分成数个加工区域，可以达到提高加工效率和质量的目的。

（3）加工工艺规划。从刀具选择、工艺参数匹配和切削方式，实现粗加工到精加工再到清根加工的流程分配。

（4）在完成工艺分析后，应填写一张CAM数控加工工序表，包括加工区域、加工性质、走刀方式、使用刀具、主轴转速、切削进给等质量控制选项。

7.4.4　CAD模型完善

这是对CAD模型作适合于CAM程序编制的处理。由于CAD造型人员更多的是考虑零件设计的方便性和完整性，并不顾及对CAM加工的影响，应根据加工区域规划对模型作进一步完善。

（1）坐标系的确定。坐标系是加工的基准，将坐标系定位于方便机床操作人员确定的位置，同时保持坐标系的统一。

（2）隐藏对加工不产生影响的曲面，按性质分色或分层。

（3）修补部分曲面。对不加工部位造成的曲面空缺部位（如钻孔的曲面、存在狭小凹槽等位置），应该补充完整，确保刀具路径规范、安全。

（4）增加边缘曲面长度，保障加工操作安全。

（5）对轮廓曲线进行修整。对于数据转换获取的数据模型，可能存在看似光滑的曲线，其实也存在着断点的情况，通过修整或者创建轮廓线，构造出最佳的加工边界曲线。

（6）构建刀具路径限制边界。

7.4.5　加工参数设置

参数设置可视为对工艺分析和规划的具体实施，它构成了利用CAD/CAM软件进行NC编程的主要操作内容，直接影响NC程序的生成质量。

（1）切削方式设置用于指定刀轨的类型及相关参数。

（2）加工对象设置是指用户通过交互手段选择被加工的几何体或其中的加工分区、毛坯、避让区域等（图7-27）。

（3）刀具及机械参数设置是针对每一个加工工序选择适合的加工刀具并在CAD/CAM软件中设置相应的机械参数，包括主轴转速、切削进给、切削液控制等（图7-28、图7-29）。

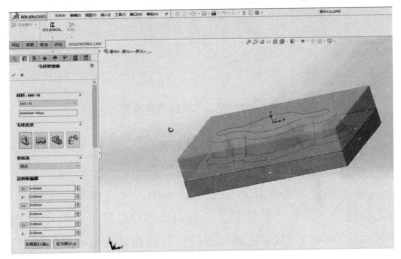

图7-27　待加工毛坯的形廓管理

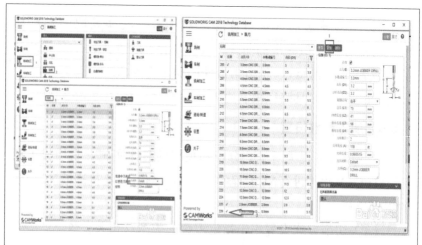

图7-28　刀具数据库的设置

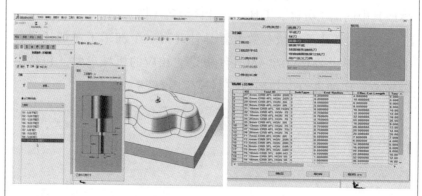

图7-29　加工刀具组合的设置

（4）加工程序参数设置包括进退刀位置及方式、切削用量、行间距、加工余量、安全高度等内容。

（5）需要为每个铣削中心构建一个刀库，或者为所有加工中心构建一个刀库（图7-30）。将刀具栏与机器定义相关联，以便在SolidWorks CAM中选择机器时，可以在零件编程期间使用这些常用刀具。

图7-30 专门刀库的设置

7.4.6 生成刀具路径

在完成参数设置后，即可将设置结果提交给CAD/CAM系统进行刀轨的自动计算生成，如图7-31所示。

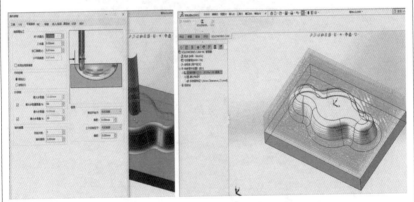

图7-31 加工刀路的进刀量设置

7.4.7 刀具路径检验

为确保程序的安全性，通过仿真机加工过程对生成的刀轨进行检查校验，检查有无明显刀具路径、有无过切或者加工不到位以及有无与工件及夹具的干涉等，完成后生成刀路程序文件。仿真加工过程、刀路程序文件如图7-32所示。

（1）通过对视角的转换、旋转、放大、平移，直接查看刀具路径，观察其切削范围有无越界及有无明显异常的刀具轨迹。

（2）对刀具轨迹进行手工调试、逐步观察。

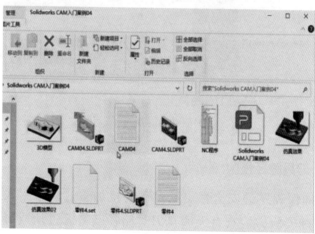

图7-32　仿真加工过程并生成刀路程序文件

（3）实体模拟切削，进行仿真加工。直接在计算机屏幕上观察加工效果，这个加工过程与实际机床加工十分类似。

（4）对检查发现的问题，调整参数，重新计算，再作检验。

7.4.8　CAM机加工制作

CAM机加工制作实际上是一个文本编辑处理过程，其作用是将计算出的刀轨（刀位运动轨迹）以规定的标准格式转化为程序代码，通过通信协议传输到数控机床的控制器上，再由控制器按程序语句逐行驱动机床加工，完成CAM制作成品（图7-33）。

图7-33　CAM制作的成品

附件：

制作劳动（劳动教育）
实习报告（模板）

学　号：

专　业：

姓　名：

××××学院

××××年××月××日

一、大国制造、工匠精神和创新观的感悟

2000 ～ 5000 字。

二、工艺成果

1、创新创意情况
1000 字左右。

2、创新路线与过程
1000 字左右。

3、DIY 成果
2000 ～ 10000 字。

三、总结与展望

2000 字左右。

四、实习考核

（实习考核由"考核一""考核二"和"考核三"组成，无需抄题，但需要标明题号，按要求回答问题）

（一）考核一

> (1)根据学号尾号回答相应问题。
>
> (2)学号×××AB同学完成第AB题、第AB+5题、第AB+10题、第AB+15题。示例：学号××01同学完成第1题、第6题、第11题、第16题；学号××11同学完成第11题、第16题、第21题、第26题。以此类推。

1）人类劳动发展经历了哪几个时代（代表图例2张以上）？

2）结合自己情况，谈谈对劳动精神的理解。

3）谈谈劳动实践的意义。

4）为什么在劳动实践中需要与他人协同合作？

5）纸的重要功能是什么？随着现代信息化，纸张使用大量减少，谈谈纸张的未来（代表图例2张以上）。

6）试列出三位折纸大师的名字和他们在折纸方面的成就。

7）谈谈折纸艺术的历史演进过程，用代表图例2张说明标志性折法。

8）结合编织学习，谈谈对编织技法的理解。

9）竹编的篮子或者草编的帽子在生活中大量应用，谈谈编织的前景和应用场景（代表图例2张以上）。

10）存在几千年文化历史的编织技艺，正逐渐消失于我们生活中，谈谈如何传承这种文化。

11）目前编织除了传统竹编，还有现代十字绣等织法，这是科技变化而引起的变化，从文化传承的角度有什么启发？

12）关于编织材料选取，有什么心得（图例2张）？

13）北京2022年冬奥会采用手工绒线编结花束作为获奖运动员的颁奖花束，请找到相关事件，谈谈编织前景和应用场景。

14）通常用石材来篆刻，而不是玻璃或者玉，为什么？

15）历代印章石材有哪些？请举例说明（至少三个）。

16）汉字七体特指哪些字体？谈谈汉字体、字形的特点。

17）最早的成熟汉字是哪种字体？谈谈篆刻常用字的情况。

18）本书提到了哪些篆刻技法（代表图例2张以上）？

19）用代表图例2张以上，叙述篆刻刀法的特点和历程。

20）从篆刻艺术的发展历程中，谈谈篆刻的前景。

21）篆刻时通常采用篆书字体而不是其他字体，为什么？

22）请举例金属材料的两种使用类型。

23）请举例非金属材料两种使用类型。

24）铁丝"秀"有哪些技法（代表图例2张以上）？

25）铁丝"秀"中绕法有哪些（代表图例2张以上）？

26）为什么较多采用铁丝材料制作艺术品，而不是铜丝材料？

27）铁丝多次弯扭后易折断，用材料知识解释这一现象。

28）铁丝"秀"中的平面折法和空间折法有什么关联性？一般应用于哪些方面？

29）普通钢条加工到镀锌铁丝的工艺流程有哪些？

30）说明铁丝"秀"接法和应用特点（代表图2张）。

31）钳工的常用工具有哪些（代表图2张以上）？

32）钳工主要工作的内容是什么？一般做什么需要用到钳工？

33）什么是铆接、锯切？用代表图例2张以上谈谈工艺特点。

34）钳工中钻孔和镗孔，有什么不同？如何操作？

35）钳工中常用工具錾子，有哪些作用？如何操作？

36）钳工主要技法有哪些（代表图例2张以上）？

37）什么是切削用量三要素？简述钻孔切削用量要素。

38）钳工划线是如何完成的？划线基准如何选择和实施？

39）钳工中装配必须配备的条件有什么？为什么需要准备？

40）钣金加工可分为哪几种方式（代表图例2张以上）？

41）钣金制作技法有哪些（代表图例2张以上）？

42）从设备类型、刃具特点、加工范围、加工精度、切削方式等方面，总结车削、刨削、磨削、铣削、锉削的加工异同。

43）列举三个现代仿真建模软件，用代表图例2张说明其特点。

44）用代表图例2张谈谈现代仿真图形交互式建模优缺点。

45）简述CAM是什么，加工特点有哪些（代表图2张）？

46）简述CAM的特点，并谈谈实现过程。

47）常用数控设备有哪几类？大致加工的过程如何？

48）谈谈数控机坐标系与工件坐标系，解释一下机床原点、工件原点以及它们的关系（代表图例2张以上）。

49）"创新是引领发展的第一动力"，谈谈你的见解。

50）从传统技艺角度谈谈工匠精神如何培育。

51）谈谈"工匠精神+创新能力"的劳动教育面临的机遇与挑战。

52）从文化传承的守正创新，谈谈劳动教育教学目标。

（二）考核二

（要求：每位同学在第1、2题中，任选一道完成）

(1)请每位同学在本教材中任选两个章节的图解案例进行模仿动手实操。需要有图片记录和文字叙述以及成果展示。（字数1000字左右，过程图片至少6张，严禁相互抄袭。）

(2)请每位同学在本教材任意选一个章节的案例，按照自己想法进行创新设计。需要有图片记录和文字叙述以及成果展示。（字数1000字左右，过程图片至少4张，严禁相互抄袭。）

（三）考核三

(1) 根据 ×××A 学号的尾号 A 完成相应任务。

(2) 学号尾号 A=1、2、6、9同学完成第 1～3 题和第 10（a）题；学号尾号 A=0、4、8同学完成第 4～6 题和第 10（b）题；学号尾号 A=3、5、7同学完成第 7～9 题和第 10（c）题。

1）程序段格式如何？准备和辅助功能指令有哪些？

2）M00、M02、M30有什么区别（从教材剪裁图例来说明）？

3）为什么在编程时要先确定刀点的位置？选定对刀点的原则是什么？确定对刀点的方法有哪些？

4）请举例说明刀具半径补偿指令和圆弧插补指令（从教材剪裁图例来说明）。

5）结合实习所学，论述现代加工方法和传统的加工方法各自特点与联系。

6）请分别论述机床坐标系与工件坐标系的特点（从教材剪裁图例来说明）。

7）数控加工程序由哪些步骤组成（从教材剪裁图例来说明）？

8）如何用程序确定工件的绝对坐标原点？

9）请举例说明直线插补指令如何使用。

10）编写程序。

（a）使刀具从机床原点移到A点，再移到B点。

（b）使刀具从机床当前点移到B点，再移到机床原点。

（c）使刀具从当前点移动到A点，再从A点移动到B点。

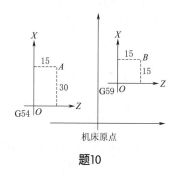

题10